Kiddies Education

Table Of Contents

Sections: **Day:**

Adding digits 0-5 1-8

Adding digits 0-7 .... 9 - 16

Adding digits 0-10 17-36

Subtracting Digits 0-10 37-44

Subtracting Digits 10-20 45-56

Subtracting Digits 0-20 57-70

Adding / Subtracting 71-78

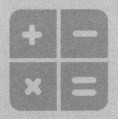

Copyright @2020 by **Kiddies Education.**
All rights reserved.

For any inquiries or questions regarding our books, please contact us at : **kiddieseducation@gmail.com**

ISBN: 9798652352639

Adding digits 0-5 | Score: __/48 | Day 1

1. 1 + 2
2. 3 + 2
3. 3 + 5
4. 1 + 3
5. 4 + 0
6. 3 + 1
7. 1 + 4
8. 0 + 3
9. 2 + 1
10. 2 + 5
11. 3 + 3
12. 2 + 1
13. 3 + 3
14. 2 + 0
15. 3 + 1
16. 3 + 3
17. 2 + 4
18. 1 + 0
19. 1 + 3
20. 4 + 4
21. 5 + 0
22. 1 + 1
23. 3 + 4
24. 5 + 4
25. 2 + 2
26. 0 + 0
27. 1 + 4
28. 2 + 4
29. 3 + 2
30. 1 + 0
31. 5 + 5
32. 1 + 4
33. 4 + 3
34. 5 + 2
35. 2 + 2
36. 3 + 4
37. 2 + 4
38. 2 + 1
39. 1 + 5
40. 3 + 4
41. 4 + 3
42. 0 + 3
43. 2 + 5
44. 3 + 4
45. 1 + 5
46. 3 + 2
47. 1 + 0
48. 2 + 1

Day 2 Score: __/48 Adding digits 0-5

1. $3 + 4$
2. $5 + 0$
3. $3 + 5$
4. $1 + 2$
5. $3 + 3$
6. $5 + 4$
7. $2 + 3$
8. $2 + 2$
9. $3 + 1$
10. $3 + 3$
11. $1 + 4$
12. $5 + 0$
13. $5 + 4$
14. $0 + 4$
15. $2 + 1$
16. $4 + 4$
17. $4 + 2$
18. $0 + 0$
19. $1 + 3$
20. $1 + 2$
21. $2 + 0$
22. $2 + 3$
23. $3 + 0$
24. $3 + 2$
25. $2 + 5$
26. $1 + 3$
27. $0 + 2$
28. $5 + 5$
29. $2 + 3$
30. $5 + 4$
31. $5 + 1$
32. $4 + 2$
33. $1 + 1$
34. $0 + 1$
35. $4 + 5$
36. $2 + 3$
37. $4 + 0$
38. $3 + 1$
39. $4 + 3$
40. $5 + 0$
41. $4 + 2$
42. $0 + 4$
43. $5 + 4$
44. $1 + 1$
45. $1 + 5$
46. $2 + 4$
47. $1 + 0$
48. $3 + 3$

Adding digits 0-5 — Score: __/48 — Day 3

1. 2 + 3
2. 5 + 4
3. 2 + 2
4. 1 + 4
5. 2 + 5
6. 1 + 2
7. 4 + 3
8. 5 + 2
9. 2 + 4
10. 4 + 2
11. 5 + 1
12. 3 + 3
13. 5 + 4
14. 0 + 4
15. 5 + 1
16. 4 + 4
17. 5 + 0
18. 1 + 3
19. 1 + 2
20. 2 + 4
21. 3 + 0
22. 5 + 4
23. 0 + 0
24. 3 + 2
25. 2 + 2
26. 1 + 5
27. 0 + 3
28. 5 + 2
29. 4 + 3
30. 5 + 4
31. 3 + 4
32. 4 + 1
33. 1 + 0
34. 5 + 5
35. 2 + 1
36. 1 + 2
37. 2 + 2
38. 3 + 2
39. 0 + 1
40. 0 + 5
41. 3 + 3
42. 2 + 5
43. 0 + 4
44. 2 + 2
45. 3 + 1
46. 4 + 5
47. 0 + 2
48. 3 + 3

Day 4 Score: __/48 Adding digits 0-5

1. 4 + 4
2. 0 + 3
3. 0 + 5
4. 3 + 4
5. 2 + 3
6. 1 + 1

7. 5 + 1
8. 2 + 4
9. 2 + 2
10. 4 + 2
11. 3 + 4
12. 1 + 2

13. 2 + 4
14. 1 + 1
15. 3 + 0
16. 1 + 0
17. 5 + 2
18. 5 + 1

19. 2 + 1
20. 1 + 4
21. 1 + 0
22. 5 + 2
23. 3 + 3
24. 1 + 5

25. 1 + 4
26. 2 + 5
27. 4 + 2
28. 3 + 1
29. 5 + 3
30. 1 + 2

31. 3 + 1
32. 4 + 2
33. 5 + 5
34. 0 + 1
35. 3 + 4
36. 4 + 3

37. 5 + 5
38. 5 + 3
39. 1 + 2
40. 2 + 5
41. 3 + 0
42. 1 + 4

43. 1 + 3
44. 5 + 2
45. 1 + 1
46. 0 + 2
47. 4 + 4
48. 1 + 0

Adding digits 0-5 Score: __/48 Day 5

1. $1 + 2$
2. $3 + 2$
3. $3 + 5$
4. $1 + 3$
5. $4 + 0$
6. $3 + 1$
7. $1 + 4$
8. $0 + 3$
9. $2 + 1$
10. $2 + 5$
11. $3 + 3$
12. $2 + 1$
13. $3 + 3$
14. $2 + 0$
15. $3 + 1$
16. $3 + 3$
17. $2 + 4$
18. $1 + 0$
19. $1 + 3$
20. $4 + 4$
21. $5 + 0$
22. $1 + 1$
23. $3 + 4$
24. $5 + 4$
25. $2 + 2$
26. $0 + 0$
27. $1 + 4$
28. $2 + 4$
29. $3 + 2$
30. $1 + 0$
31. $5 + 5$
32. $1 + 4$
33. $4 + 3$
34. $5 + 2$
35. $2 + 2$
36. $3 + 4$
37. $2 + 4$
38. $2 + 1$
39. $1 + 5$
40. $3 + 4$
41. $4 + 3$
42. $0 + 3$
43. $2 + 5$
44. $3 + 4$
45. $1 + 5$
46. $3 + 2$
47. $1 + 0$
48. $2 + 1$

Day 6   Score: __/48   Adding digits 0-5

1. $3 + 4$
2. $5 + 0$
3. $3 + 5$
4. $1 + 2$
5. $3 + 3$
6. $5 + 4$
7. $2 + 3$
8. $2 + 2$
9. $3 + 1$
10. $3 + 3$
11. $1 + 4$
12. $5 + 0$
13. $5 + 4$
14. $0 + 4$
15. $2 + 1$
16. $4 + 4$
17. $4 + 2$
18. $0 + 0$
19. $1 + 3$
20. $1 + 2$
21. $2 + 0$
22. $2 + 3$
23. $3 + 0$
24. $3 + 2$
25. $2 + 5$
26. $1 + 3$
27. $0 + 2$
28. $5 + 5$
29. $2 + 3$
30. $5 + 4$
31. $5 + 1$
32. $4 + 2$
33. $1 + 1$
34. $0 + 1$
35. $4 + 5$
36. $2 + 3$
37. $4 + 0$
38. $3 + 1$
39. $4 + 3$
40. $5 + 0$
41. $4 + 2$
42. $0 + 4$
43. $5 + 4$
44. $1 + 1$
45. $1 + 5$
46. $2 + 4$
47. $1 + 0$
48. $3 + 3$

Adding digits 0-5 — Score: __/48 — Day 7

1. 2 + 3 = ___
2. 5 + 4 = ___
3. 2 + 2 = ___
4. 1 + 4 = ___
5. 2 + 5 = ___
6. 1 + 2 = ___

7. 4 + 3 = ___
8. 5 + 2 = ___
9. 2 + 4 = ___
10. 4 + 2 = ___
11. 5 + 1 = ___
12. 3 + 3 = ___

13. 5 + 4 = ___
14. 0 + 4 = ___
15. 5 + 1 = ___
16. 4 + 4 = ___
17. 5 + 0 = ___
18. 1 + 3 = ___

19. 1 + 2 = ___
20. 2 + 4 = ___
21. 3 + 0 = ___
22. 5 + 4 = ___
23. 0 + 0 = ___
24. 3 + 2 = ___

25. 2 + 2 = ___
26. 1 + 5 = ___
27. 0 + 3 = ___
28. 5 + 2 = ___
29. 4 + 3 = ___
30. 5 + 4 = ___

31. 3 + 4 = ___
32. 4 + 1 = ___
33. 1 + 0 = ___
34. 5 + 5 = ___
35. 2 + 1 = ___
36. 1 + 2 = ___

37. 2 + 2 = ___
38. 3 + 2 = ___
39. 0 + 1 = ___
40. 0 + 5 = ___
41. 3 + 3 = ___
42. 2 + 5 = ___

43. 0 + 4 = ___
44. 2 + 2 = ___
45. 3 + 1 = ___
46. 4 + 5 = ___
47. 0 + 2 = ___
48. 3 + 3 = ___

Day 8 Score: __/48 Adding digits 0-5

1. 4 + 4
2. 0 + 3
3. 0 + 5
4. 3 + 4
5. 2 + 3
6. 1 + 1

7. 5 + 1
8. 2 + 4
9. 2 + 2
10. 4 + 2
11. 3 + 4
12. 1 + 2

13. 2 + 4
14. 1 + 1
15. 3 + 0
16. 1 + 0
17. 5 + 2
18. 5 + 1

19. 2 + 1
20. 1 + 4
21. 1 + 0
22. 5 + 2
23. 3 + 3
24. 1 + 5

25. 1 + 4
26. 2 + 5
27. 4 + 2
28. 3 + 1
29. 5 + 3
30. 1 + 2

31. 3 + 1
32. 4 + 2
33. 5 + 5
34. 0 + 1
35. 3 + 4
36. 4 + 3

37. 5 + 5
38. 5 + 3
39. 1 + 2
40. 2 + 5
41. 3 + 0
42. 1 + 4

43. 1 + 3
44. 5 + 2
45. 1 + 1
46. 0 + 2
47. 4 + 4
48. 1 + 0

Adding digits 0-7 — Score: __/48 — Day 9

1. 7 + 1
2. 0 + 4
3. 3 + 2
4. 5 + 6
5. 6 + 2
6. 1 + 5

7. 3 + 3
8. 1 + 5
9. 2 + 2
10. 4 + 3
11. 6 + 5
12. 6 + 7

13. 0 + 5
14. 6 + 6
15. 5 + 6
16. 7 + 7
17. 3 + 5
18. 4 + 4

19. 4 + 1
20. 3 + 5
21. 2 + 6
22. 1 + 7
23. 0 + 6
24. 1 + 5

25. 5 + 4
26. 6 + 3
27. 7 + 0
28. 6 + 1
29. 5 + 2
30. 4 + 3

31. 4 + 6
32. 2 + 1
33. 3 + 4
34. 0 + 6
35. 6 + 2
36. 7 + 0

37. 3 + 1
38. 6 + 2
39. 7 + 5
40. 1 + 6
41. 2 + 7
42. 5 + 5

43. 7 + 6
44. 6 + 5
45. 5 + 4
46. 4 + 3
47. 3 + 2
48. 2 + 1

Day 10 Score: __/48 Adding digits 0-7

1. 5 + 6
2. 2 + 4
3. 3 + 1
4. 1 + 7
5. 7 + 5
6. 0 + 3

7. 3 + 3
8. 2 + 6
9. 0 + 3
10. 1 + 4
11. 5 + 5
12. 1 + 7

13. 0 + 7
14. 2 + 5
15. 4 + 2
16. 6 + 4
17. 4 + 5
18. 2 + 1

19. 4 + 5
20. 1 + 7
21. 0 + 3
22. 7 + 5
23. 2 + 6
24. 1 + 5

25. 2 + 5
26. 0 + 0
27. 2 + 2
28. 5 + 3
29. 6 + 2
30. 7 + 1

31. 0 + 2
32. 2 + 2
33. 6 + 4
34. 1 + 1
35. 5 + 2
36. 7 + 3

37. 3 + 5
38. 4 + 4
39. 6 + 2
40. 7 + 7
41. 0 + 5
42. 1 + 5

43. 5 + 5
44. 6 + 6
45. 7 + 1
46. 0 + 6
47. 1 + 5
48. 2 + 4

Adding digits 0-7 — Score: __/48 — Day 11

1. 2 + 2
2. 7 + 1
3. 5 + 3
4. 3 + 5
5. 1 + 7
6. 0 + 2

7. 4 + 5
8. 5 + 6
9. 6 + 7
10. 7 + 1
11. 1 + 2
12. 2 + 7

13. 1 + 6
14. 3 + 3
15. 5 + 5
16. 7 + 6
17. 1 + 5
18. 0 + 7

19. 5 + 4
20. 7 + 3
21. 6 + 4
22. 5 + 6
23. 4 + 7
24. 3 + 5

25. 0 + 3
26. 2 + 4
27. 4 + 3
28. 6 + 5
29. 1 + 6
30. 7 + 5

31. 3 + 3
32. 4 + 6
33. 7 + 5
34. 1 + 2
35. 3 + 6
36. 2 + 0

37. 7 + 0
38. 5 + 1
39. 3 + 4
40. 1 + 3
41. 3 + 5
42. 5 + 7

43. 6 + 6
44. 2 + 6
45. 4 + 1
46. 6 + 7
47. 1 + 5
48. 2 + 3

Day 12   Score: __/48   Adding digits 0-7

1. 6 + 2
2. 5 + 3
3. 4 + 4
4. 3 + 5
5. 2 + 6
6. 1 + 7

7. 0 + 5
8. 2 + 7
9. 4 + 5
10. 6 + 6
11. 7 + 1
12. 1 + 5

13. 2 + 4
14. 0 + 5
15. 3 + 2
16. 5 + 7
17. 6 + 6
18. 1 + 4

19. 3 + 1
20. 4 + 3
21. 0 + 4
22. 1 + 7
23. 2 + 6
24. 3 + 5

25. 5 + 2
26. 7 + 1
27. 6 + 3
28. 0 + 4
29. 1 + 7
30. 2 + 6

31. 7 + 5
32. 2 + 2
33. 1 + 1
34. 3 + 3
35. 0 + 4
36. 2 + 0

37. 6 + 7
38. 4 + 1
39. 2 + 2
40. 1 + 3
41. 7 + 4
42. 0 + 6

43. 0 + 1
44. 2 + 6
45. 5 + 5
46. 7 + 2
47. 6 + 1
48. 4 + 3

Adding digits 0-7   Score: __/48   Day 13

1. $7 + 1$
2. $0 + 4$
3. $3 + 2$
4. $5 + 6$
5. $6 + 2$
6. $1 + 5$

7. $3 + 3$
8. $1 + 5$
9. $2 + 2$
10. $4 + 3$
11. $6 + 5$
12. $6 + 7$

13. $0 + 5$
14. $6 + 6$
15. $5 + 6$
16. $7 + 7$
17. $3 + 5$
18. $4 + 4$

19. $4 + 1$
20. $3 + 5$
21. $2 + 6$
22. $1 + 7$
23. $0 + 6$
24. $1 + 5$

25. $5 + 4$
26. $6 + 3$
27. $7 + 0$
28. $6 + 1$
29. $5 + 2$
30. $4 + 3$

31. $4 + 6$
32. $2 + 1$
33. $3 + 4$
34. $0 + 6$
35. $6 + 2$
36. $7 + 0$

37. $3 + 1$
38. $6 + 2$
39. $7 + 5$
40. $1 + 6$
41. $2 + 7$
42. $5 + 5$

43. $7 + 6$
44. $6 + 5$
45. $5 + 4$
46. $4 + 3$
47. $3 + 2$
48. $2 + 1$

Day 14   Score: __/48   Adding digits 0-7

1. 5 + 6
2. 2 + 4
3. 3 + 1
4. 1 + 7
5. 7 + 5
6. 0 + 3

7. 3 + 3
8. 2 + 6
9. 0 + 3
10. 1 + 4
11. 5 + 5
12. 1 + 7

13. 0 + 7
14. 2 + 5
15. 4 + 2
16. 6 + 4
17. 4 + 5
18. 2 + 1

19. 4 + 5
20. 1 + 7
21. 0 + 3
22. 7 + 5
23. 2 + 6
24. 1 + 5

25. 2 + 5
26. 0 + 0
27. 2 + 2
28. 5 + 3
29. 6 + 2
30. 7 + 1

31. 0 + 2
32. 2 + 2
33. 6 + 4
34. 1 + 1
35. 5 + 2
36. 7 + 3

37. 3 + 5
38. 4 + 4
39. 6 + 2
40. 7 + 7
41. 0 + 5
42. 1 + 5

43. 5 + 5
44. 6 + 6
45. 7 + 1
46. 0 + 6
47. 1 + 5
48. 2 + 4

Adding digits 0-7 Score: __/48 Day 15

1. 2 + 2
2. 7 + 1
3. 5 + 3
4. 3 + 5
5. 1 + 7
6. 0 + 2

7. 4 + 5
8. 5 + 6
9. 6 + 7
10. 7 + 1
11. 1 + 2
12. 2 + 7

13. 1 + 6
14. 3 + 3
15. 5 + 5
16. 7 + 6
17. 1 + 5
18. 0 + 7

19. 5 + 4
20. 7 + 3
21. 6 + 4
22. 5 + 6
23. 4 + 7
24. 3 + 5

25. 0 + 3
26. 2 + 4
27. 4 + 3
28. 6 + 5
29. 1 + 6
30. 7 + 5

31. 3 + 3
32. 4 + 6
33. 7 + 5
34. 1 + 2
35. 3 + 6
36. 2 + 0

37. 7 + 0
38. 5 + 1
39. 3 + 4
40. 1 + 3
41. 3 + 5
42. 5 + 7

43. 6 + 6
44. 2 + 6
45. 4 + 1
46. 6 + 7
47. 1 + 5
48. 2 + 3

Day 16 Score: __/48 Adding digits 0-7

1. 6 + 2
2. 5 + 3
3. 4 + 4
4. 3 + 5
5. 2 + 6
6. 1 + 7

7. 0 + 5
8. 2 + 7
9. 4 + 5
10. 6 + 6
11. 7 + 1
12. 1 + 5

13. 2 + 4
14. 0 + 5
15. 3 + 2
16. 5 + 7
17. 6 + 6
18. 1 + 4

19. 3 + 1
20. 4 + 3
21. 0 + 4
22. 1 + 7
23. 2 + 6
24. 3 + 5

25. 5 + 2
26. 7 + 1
27. 6 + 3
28. 0 + 4
29. 1 + 7
30. 2 + 6

31. 7 + 5
32. 2 + 2
33. 1 + 1
34. 3 + 3
35. 0 + 4
36. 2 + 0

37. 6 + 7
38. 4 + 1
39. 2 + 2
40. 1 + 3
41. 7 + 4
42. 0 + 6

43. 0 + 1
44. 2 + 6
45. 5 + 5
46. 7 + 2
47. 6 + 1
48. 4 + 3

Adding digits 0-10   Score: __/48   Day 17

1. 10 + 6
2. 8 + 4
3. 4 + 9
4. 7 + 8
5. 3 + 7
6. 1 + 0

7. 2 + 8
8. 6 + 0
9. 5 + 2
10. 7 + 8
11. 3 + 5
12. 8 + 9

13. 3 + 6
14. 5 + 4
15. 7 + 8
16. 9 + 10
17. 0 + 5
18. 2 + 9

19. 7 + 4
20. 5 + 7
21. 3 + 9
22. 1 + 5
23. 8 + 7
24. 0 + 5

25. 9 + 3
26. 7 + 8
27. 5 + 6
28. 3 + 8
29. 1 + 9
30. 10 + 5

31. 10 + 2
32. 8 + 3
33. 5 + 7
34. 2 + 4
35. 7 + 5
36. 9 + 6

37. 0 + 7
38. 7 + 9
39. 8 + 4
40. 9 + 8
41. 4 + 5
42. 3 + 9

43. 8 + 3
44. 6 + 5
45. 4 + 9
46. 2 + 4
47. 0 + 6
48. 7 + 8

Day 18   Score: __/48   Adding digits 0-10

1. 8 + 8
2. 10 + 4
3. 5 + 6
4. 7 + 7
5. 9 + 5
6. 2 + 3

7. 0 + 8
8. 2 + 9
9. 4 + 6
10. 6 + 1
11. 8 + 3
12. 10 + 5

13. 4 + 3
14. 6 + 0
15. 8 + 9
16. 10 + 8
17. 9 + 6
18. 3 + 4

19. 6 + 5
20. 7 + 10
21. 0 + 8
22. 5 + 6
23. 9 + 8
24. 2 + 0

25. 8 + 3
26. 2 + 7
27. 4 + 9
28. 6 + 5
29. 3 + 6
30. 1 + 9

31. 10 + 1
32. 5 + 0
33. 2 + 4
34. 4 + 7
35. 1 + 9
36. 5 + 3

37. 9 + 1
38. 7 + 3
39. 5 + 5
40. 3 + 7
41. 1 + 4
42. 4 + 5

43. 6 + 5
44. 8 + 7
45. 0 + 9
46. 10 + 7
47. 7 + 3
48. 2 + 8

Adding digits 0-10 Score: __/48 Day 19

1. 7 + 9
2. 3 + 7
3. 4 + 10
4. 6 + 0
5. 7 + 8
6. 1 + 5

7. 0 + 8
8. 7 + 10
9. 3 + 0
10. 6 + 7
11. 2 + 9
12. 6 + 3

13. 3 + 9
14. 2 + 7
15. 5 + 4
16. 7 + 5
17. 9 + 9
18. 0 + 6

19. 10 + 1
20. 5 + 2
21. 2 + 0
22. 4 + 8
23. 8 + 5
24. 3 + 6

25. 8 + 8
26. 4 + 9
27. 1 + 3
28. 6 + 5
29. 9 + 7
30. 0 + 9

31. 7 + 7
32. 9 + 10
33. 3 + 0
34. 1 + 8
35. 7 + 5
36. 9 + 2

37. 3 + 8
38. 5 + 3
39. 7 + 4
40. 9 + 5
41. 0 + 7
42. 2 + 9

43. 2 + 4
44. 3 + 9
45. 5 + 6
46. 7 + 10
47. 8 + 6
48. 9 + 0

Day 20   Score: __/48   Adding digits 0-10

1. 9 + 3	2. 3 + 10	3. 6 + 3	4. 8 + 6	5. 2 + 9	6. 7 + 5
7. 10 + 5	8. 8 + 4	9. 5 + 1	10. 9 + 4	11. 7 + 5	12. 6 + 3
13. 9 + 3	14. 7 + 5	15. 5 + 5	16. 7 + 6	17. 0 + 9	18. 10 + 8
19. 0 + 3	20. 9 + 3	21. 7 + 6	22. 6 + 9	23. 5 + 8	24. 2 + 9
25. 10 + 10	26. 8 + 8	27. 5 + 4	28. 3 + 5	29. 7 + 9	30. 6 + 5
31. 9 + 0	32. 2 + 7	33. 8 + 1	34. 5 + 9	35. 8 + 4	36. 0 + 5
37. 8 + 2	38. 5 + 9	39. 9 + 5	40. 2 + 8	41. 4 + 7	42. 8 + 5
43. 0 + 5	44. 5 + 3	45. 7 + 4	46. 9 + 5	47. 2 + 1	48. 10 + 8

Adding digits 0-10

Score: __ /48

Day 21

1. 6 + 10
2. 8 + 8
3. 5 + 2
4. 0 + 7
5. 3 + 4
6. 8 + 5

7. 8 + 5
8. 7 + 4
9. 6 + 6
10. 10 + 9
11. 4 + 4
12. 5 + 0

13. 5 + 4
14. 7 + 2
15. 9 + 8
16. 0 + 9
17. 4 + 5
18. 7 + 10

19. 3 + 5
20. 7 + 6
21. 10 + 8
22. 8 + 4
23. 9 + 6
24. 2 + 3

25. 10 + 0
26. 2 + 5
27. 4 + 7
28. 6 + 2
29. 6 + 8
30. 9 + 3

31. 7 + 3
32. 6 + 8
33. 9 + 8
34. 3 + 5
35. 2 + 9
36. 4 + 6

37. 9 + 6
38. 8 + 3
39. 10 + 6
40. 6 + 5
41. 7 + 9
42. 2 + 7

43. 7 + 6
44. 3 + 3
45. 8 + 4
46. 2 + 7
47. 8 + 5
48. 10 + 9

Day 22   Score: __ __/48   Adding digits 0-10

1. $6 + 9$
2. $8 + 7$
3. $3 + 0$
4. $6 + 10$
5. $3 + 9$
6. $2 + 5$

7. $8 + 9$
8. $3 + 2$
9. $5 + 4$
10. $7 + 6$
11. $1 + 8$
12. $9 + 0$

13. $10 + 5$
14. $8 + 3$
15. $6 + 9$
16. $3 + 6$
17. $5 + 9$
18. $8 + 5$

19. $9 + 3$
20. $7 + 7$
21. $6 + 4$
22. $8 + 2$
23. $9 + 3$
24. $10 + 8$

25. $0 + 9$
26. $4 + 6$
27. $4 + 8$
28. $3 + 9$
29. $7 + 5$
30. $3 + 7$

31. $8 + 2$
32. $5 + 4$
33. $8 + 5$
34. $3 + 9$
35. $10 + 3$
36. $6 + 7$

37. $6 + 9$
38. $8 + 7$
39. $2 + 4$
40. $5 + 9$
41. $7 + 8$
42. $0 + 4$

43. $10 + 6$
44. $5 + 3$
45. $7 + 6$
46. $9 + 3$
47. $4 + 7$
48. $9 + 8$

Adding digits 0-10   Score: __/48   Day 23

1. 10 + 6
2. 8 + 4
3. 4 + 9
4. 7 + 8
5. 3 + 7
6. 1 + 0

7. 2 + 8
8. 6 + 0
9. 5 + 2
10. 7 + 8
11. 3 + 5
12. 8 + 9

13. 3 + 6
14. 5 + 4
15. 7 + 8
16. 9 + 10
17. 0 + 5
18. 2 + 9

19. 7 + 4
20. 5 + 7
21. 3 + 9
22. 1 + 5
23. 8 + 7
24. 0 + 5

25. 9 + 3
26. 7 + 8
27. 5 + 6
28. 3 + 8
29. 1 + 9
30. 10 + 5

31. 10 + 2
32. 8 + 3
33. 5 + 7
34. 2 + 4
35. 7 + 5
36. 9 + 6

37. 0 + 7
38. 7 + 9
39. 8 + 4
40. 9 + 8
41. 4 + 5
42. 3 + 9

43. 8 + 3
44. 6 + 5
45. 4 + 9
46. 2 + 4
47. 0 + 6
48. 7 + 8

Day 24   Score: __/48   Adding digits 0-10

1. 8 + 8
2. 10 + 4
3. 5 + 6
4. 7 + 7
5. 9 + 5
6. 2 + 3

7. 0 + 8
8. 2 + 9
9. 4 + 6
10. 6 + 1
11. 8 + 3
12. 10 + 5

13. 4 + 3
14. 6 + 0
15. 8 + 9
16. 10 + 8
17. 9 + 6
18. 3 + 4

19. 6 + 5
20. 7 + 10
21. 0 + 8
22. 5 + 6
23. 9 + 8
24. 2 + 0

25. 8 + 3
26. 2 + 7
27. 4 + 9
28. 6 + 5
29. 3 + 6
30. 1 + 9

31. 10 + 1
32. 5 + 0
33. 2 + 4
34. 4 + 7
35. 1 + 9
36. 5 + 3

37. 9 + 1
38. 7 + 3
39. 5 + 5
40. 3 + 7
41. 1 + 4
42. 4 + 5

43. 6 + 5
44. 8 + 7
45. 0 + 9
46. 10 + 7
47. 7 + 3
48. 2 + 8

Adding digits 0-10　　Score: __/48　　Day 25

1. 7 + 9
2. 3 + 7
3. 4 +10
4. 6 + 0
5. 7 + 8
6. 1 + 5

7. 0 + 8
8. 7 +10
9. 3 + 0
10. 6 + 7
11. 2 + 9
12. 6 + 3

13. 3 + 9
14. 2 + 7
15. 5 + 4
16. 7 + 5
17. 9 + 9
18. 0 + 6

19. 10 + 1
20. 5 + 2
21. 2 + 0
22. 4 + 8
23. 8 + 5
24. 3 + 6

25. 8 + 8
26. 4 + 9
27. 1 + 3
28. 6 + 5
29. 9 + 7
30. 0 + 9

31. 7 + 7
32. 9 +10
33. 3 + 0
34. 1 + 8
35. 7 + 5
36. 9 + 2

37. 3 + 8
38. 5 + 3
39. 7 + 4
40. 9 + 5
41. 0 + 7
42. 2 + 9

43. 2 + 4
44. 3 + 9
45. 5 + 6
46. 7 +10
47. 8 + 6
48. 9 + 0

Day 26 Score: __/48 Adding digits 0-10

1. 9 + 3
2. 3 + 10
3. 6 + 3
4. 8 + 6
5. 2 + 9
6. 7 + 5

7. 10 + 5
8. 8 + 4
9. 5 + 1
10. 9 + 4
11. 7 + 5
12. 6 + 3

13. 9 + 3
14. 7 + 5
15. 5 + 5
16. 7 + 6
17. 0 + 9
18. 10 + 8

19. 0 + 3
20. 9 + 3
21. 7 + 6
22. 6 + 9
23. 5 + 8
24. 2 + 9

25. 10 + 10
26. 8 + 8
27. 5 + 4
28. 3 + 5
29. 7 + 9
30. 6 + 5

31. 9 + 0
32. 2 + 7
33. 8 + 1
34. 5 + 9
35. 8 + 4
36. 0 + 5

37. 8 + 2
38. 5 + 9
39. 9 + 5
40. 2 + 8
41. 4 + 7
42. 8 + 5

43. 0 + 5
44. 5 + 3
45. 7 + 4
46. 9 + 5
47. 2 + 1
48. 10 + 8

Adding digits 0-10   Score: __/48   Day 27

1. 6 + 10
2. 8 + 8
3. 5 + 2
4. 0 + 7
5. 3 + 4
6. 8 + 5

7. 8 + 5
8. 7 + 4
9. 6 + 6
10. 10 + 9
11. 4 + 4
12. 5 + 0

13. 5 + 4
14. 7 + 2
15. 9 + 8
16. 0 + 9
17. 4 + 5
18. 7 + 10

19. 3 + 5
20. 7 + 6
21. 10 + 8
22. 8 + 4
23. 9 + 6
24. 2 + 3

25. 10 + 0
26. 2 + 5
27. 4 + 7
28. 6 + 2
29. 6 + 8
30. 9 + 3

31. 7 + 3
32. 6 + 8
33. 9 + 8
34. 3 + 5
35. 2 + 9
36. 4 + 6

37. 9 + 6
38. 8 + 3
39. 10 + 6
40. 6 + 5
41. 7 + 9
42. 2 + 7

43. 7 + 6
44. 3 + 3
45. 8 + 4
46. 2 + 7
47. 8 + 5
48. 10 + 9

Day 28   Score: __/48   Adding digits 0-10

1. $6 + 9$
2. $8 + 7$
3. $3 + 0$
4. $6 + 10$
5. $3 + 9$
6. $2 + 5$

7. $8 + 9$
8. $3 + 2$
9. $5 + 4$
10. $7 + 6$
11. $1 + 8$
12. $9 + 0$

13. $10 + 5$
14. $8 + 3$
15. $6 + 9$
16. $3 + 6$
17. $5 + 9$
18. $8 + 5$

19. $9 + 3$
20. $7 + 7$
21. $6 + 4$
22. $8 + 2$
23. $9 + 3$
24. $10 + 8$

25. $0 + 9$
26. $4 + 6$
27. $4 + 8$
28. $3 + 9$
29. $7 + 5$
30. $3 + 7$

31. $8 + 2$
32. $5 + 4$
33. $8 + 5$
34. $3 + 9$
35. $10 + 3$
36. $6 + 7$

37. $6 + 9$
38. $8 + 7$
39. $2 + 4$
40. $5 + 9$
41. $7 + 8$
42. $0 + 4$

43. $10 + 6$
44. $5 + 3$
45. $7 + 6$
46. $9 + 3$
47. $4 + 7$
48. $9 + 8$

Adding digits 0-10 Score: __/48 Day 29

1. 7 + 10
2. 8 + 9
3. 4 + 4
4. 2 + 6
5. 7 + 5
6. 9 + 0

7. 6 + 0
8. 3 + 7
9. 9 + 8
10. 6 + 4
11. 5 + 8
12. 1 + 9

13. 7 + 8
14. 3 + 5
15. 9 + 2
16. 10 + 9
17. 3 + 8
18. 9 + 2

19. 8 + 2
20. 3 + 7
21. 5 + 2
22. 6 + 5
23. 8 + 3
24. 0 + 8

25. 10 + 2
26. 5 + 6
27. 7 + 1
28. 8 + 9
29. 9 + 6
30. 0 + 3

31. 3 + 9
32. 5 + 3
33. 7 + 1
34. 9 + 8
35. 0 + 7
36. 3 + 6

37. 3 + 1
38. 6 + 6
39. 1 + 7
40. 0 + 9
41. 4 + 10
42. 6 + 2

43. 8 + 5
44. 3 + 2
45. 9 + 9
46. 0 + 6
47. 3 + 9
48. 2 + 6

Day 30 Score: __/48 Adding digits 0-10

1. 9 + 2
2. 6 + 8
3. 5 + 3
4. 3 + 4
5. 8 + 10
6. 9 + 0

7. 7 + 6
8. 9 + 3
9. 2 + 7
10. 8 + 2
11. 1 + 8
12. 7 + 9

13. 6 + 9
14. 1 + 8
15. 7 + 3
16. 0 + 4
17. 3 + 7
18. 7 + 10

19. 10 + 7
20. 8 + 8
21. 0 + 3
22. 5 + 6
23. 2 + 7
24. 9 + 0

25. 5 + 8
26. 7 + 5
27. 9 + 1
28. 2 + 9
29. 1 + 6
30. 0 + 10

31. 6 + 6
32. 1 + 5
33. 9 + 0
34. 4 + 8
35. 6 + 7
36. 2 + 3

37. 0 + 2
38. 2 + 3
39. 3 + 4
40. 4 + 5
41. 5 + 6
42. 6 + 7

43. 10 + 4
44. 9 + 5
45. 8 + 6
46. 6 + 7
47. 7 + 8
48. 5 + 9

Adding digits 0-10 — Score: __/48 — Day 31

#	a	#	b	#	c	#	d	#	e	#	f
1.	7 + 9	2.	3 + 7	3.	4 + 10	4.	6 + 0	5.	7 + 8	6.	1 + 5
7.	0 + 8	8.	7 + 10	9.	3 + 0	10.	6 + 7	11.	2 + 9	12.	6 + 3
13.	3 + 9	14.	2 + 7	15.	5 + 4	16.	7 + 5	17.	9 + 9	18.	0 + 6
19.	10 + 1	20.	5 + 2	21.	2 + 0	22.	4 + 8	23.	8 + 5	24.	3 + 6
25.	8 + 8	26.	4 + 9	27.	1 + 3	28.	6 + 5	29.	9 + 7	30.	0 + 9
31.	7 + 7	32.	9 + 10	33.	3 + 0	34.	1 + 8	35.	7 + 5	36.	9 + 2
37.	3 + 8	38.	5 + 3	39.	7 + 4	40.	9 + 5	41.	0 + 7	42.	2 + 9
43.	2 + 4	44.	3 + 9	45.	5 + 6	46.	7 + 10	47.	8 + 6	48.	9 + 0

Day 32   Score: __/48   Adding digits 0-10

1. 9 + 3
2. 3 + 10
3. 6 + 3
4. 8 + 6
5. 2 + 9
6. 7 + 5

7. 10 + 5
8. 8 + 4
9. 5 + 1
10. 9 + 4
11. 7 + 5
12. 6 + 3

13. 9 + 3
14. 7 + 5
15. 5 + 5
16. 7 + 6
17. 0 + 9
18. 10 + 8

19. 0 + 3
20. 9 + 3
21. 7 + 6
22. 6 + 9
23. 5 + 8
24. 2 + 9

25. 10 + 10
26. 8 + 8
27. 5 + 4
28. 3 + 5
29. 7 + 9
30. 6 + 5

31. 9 + 0
32. 2 + 7
33. 8 + 1
34. 5 + 9
35. 8 + 4
36. 0 + 5

37. 8 + 2
38. 5 + 9
39. 9 + 5
40. 2 + 8
41. 4 + 7
42. 8 + 5

43. 0 + 5
44. 5 + 3
45. 7 + 4
46. 9 + 5
47. 2 + 1
48. 10 + 8

Adding digits 0-10

Score: __/48   Day 33

1. 6 + 10
2. 8 + 8
3. 5 + 2
4. 0 + 7
5. 3 + 4
6. 8 + 5
7. 8 + 5
8. 7 + 4
9. 6 + 6
10. 10 + 9
11. 4 + 4
12. 5 + 0
13. 5 + 4
14. 7 + 2
15. 9 + 8
16. 0 + 9
17. 4 + 5
18. 7 + 10
19. 3 + 5
20. 7 + 6
21. 10 + 8
22. 8 + 4
23. 9 + 6
24. 2 + 3
25. 10 + 0
26. 2 + 5
27. 4 + 7
28. 6 + 2
29. 6 + 8
30. 9 + 3
31. 7 + 3
32. 6 + 8
33. 9 + 8
34. 3 + 5
35. 2 + 9
36. 4 + 6
37. 9 + 6
38. 8 + 3
39. 10 + 6
40. 6 + 5
41. 7 + 9
42. 2 + 7
43. 7 + 6
44. 3 + 3
45. 8 + 4
46. 2 + 7
47. 8 + 5
48. 10 + 9

Day 34 Score: __/48 Adding digits 0-10

1. 6 + 9
2. 8 + 7
3. 3 + 0
4. 6 + 10
5. 3 + 9
6. 2 + 5

7. 8 + 9
8. 3 + 2
9. 5 + 4
10. 7 + 6
11. 1 + 8
12. 9 + 0

13. 10 + 5
14. 8 + 3
15. 6 + 9
16. 3 + 6
17. 5 + 9
18. 8 + 5

19. 9 + 3
20. 7 + 7
21. 6 + 4
22. 8 + 2
23. 9 + 3
24. 10 + 8

25. 0 + 9
26. 4 + 6
27. 4 + 8
28. 3 + 9
29. 7 + 5
30. 3 + 7

31. 8 + 2
32. 5 + 4
33. 8 + 5
34. 3 + 9
35. 10 + 3
36. 6 + 7

37. 6 + 9
38. 8 + 7
39. 2 + 4
40. 5 + 9
41. 7 + 8
42. 0 + 4

43. 10 + 6
44. 5 + 3
45. 7 + 6
46. 9 + 3
47. 4 + 7
48. 9 + 8

Adding digits 0-10 — Score: __/48 — Day 35

1. 7 + 10
2. 8 + 9
3. 4 + 4
4. 2 + 6
5. 7 + 5
6. 9 + 0

7. 6 + 0
8. 3 + 7
9. 9 + 8
10. 6 + 4
11. 5 + 8
12. 1 + 9

13. 7 + 8
14. 3 + 5
15. 9 + 2
16. 10 + 9
17. 3 + 8
18. 9 + 2

19. 8 + 2
20. 3 + 7
21. 5 + 2
22. 6 + 5
23. 8 + 3
24. 0 + 8

25. 10 + 2
26. 5 + 6
27. 7 + 1
28. 8 + 9
29. 9 + 6
30. 0 + 3

31. 3 + 9
32. 5 + 3
33. 7 + 1
34. 9 + 8
35. 0 + 7
36. 3 + 6

37. 3 + 1
38. 6 + 6
39. 1 + 7
40. 0 + 9
41. 4 + 10
42. 6 + 2

43. 8 + 5
44. 3 + 2
45. 9 + 9
46. 0 + 6
47. 3 + 9
48. 2 + 6

Day 36 Score: __/48 Adding digits 0-10

1. 9 + 2
2. 6 + 8
3. 5 + 3
4. 3 + 4
5. 8 + 10
6. 9 + 0
7. 7 + 6
8. 9 + 3
9. 2 + 7
10. 8 + 2
11. 1 + 8
12. 7 + 9
13. 6 + 9
14. 1 + 8
15. 7 + 3
16. 0 + 4
17. 3 + 7
18. 7 + 10
19. 10 + 7
20. 8 + 8
21. 0 + 3
22. 5 + 6
23. 2 + 7
24. 9 + 0
25. 5 + 8
26. 7 + 5
27. 9 + 1
28. 2 + 9
29. 1 + 6
30. 0 + 10
31. 6 + 6
32. 1 + 5
33. 9 + 0
34. 4 + 8
35. 6 + 7
36. 2 + 3
37. 0 + 2
38. 2 + 3
39. 3 + 4
40. 4 + 5
41. 5 + 6
42. 6 + 7
43. 10 + 4
44. 9 + 5
45. 8 + 6
46. 6 + 7
47. 7 + 8
48. 5 + 9

Subtracting Digits 0-10

Score: __ /48

Day 37

1. 10 − 6
2. 8 − 4
3. 4 − 9
4. 7 − 8
5. 9 − 7
6. 1 − 0

7. 2 − 1
8. 6 − 0
9. 5 − 2
10. 9 − 8
11. 3 − 5
12. 9 − 9

13. 6 − 3
14. 5 − 4
15. 9 − 8
16. 9 − 3
17. 5 − 5
18. 9 − 2

19. 7 − 4
20. 7 − 5
21. 9 − 3
22. 5 − 1
23. 8 − 7
24. 6 − 5

25. 9 − 3
26. 7 − 3
27. 8 − 6
28. 9 − 4
29. 9 − 1
30. 10 − 5

31. 10 − 2
32. 8 − 3
33. 9 − 7
34. 4 − 2
35. 7 − 5
36. 9 − 6

37. 7 − 0
38. 9 − 7
39. 8 − 4
40. 9 − 8
41. 5 − 4
42. 8 − 3

43. 8 − 3
44. 6 − 5
45. 9 − 4
46. 4 − 1
47. 6 − 0
48. 8 − 7

Day 38 Score: __/48 Subtracting Digits 0-10

1. 8 − 8
2. 10 − 4
3. 9 − 6
4. 7 − 7
5. 9 − 5
6. 3 − 3

7. 8 − 0
8. 9 − 2
9. 8 − 6
10. 6 − 1
11. 8 − 3
12. 10 − 5

13. 4 − 3
14. 6 − 0
15. 8 − 2
16. 10 − 8
17. 9 − 2
18. 3 − 1

19. 6 − 5
20. 7 − 1
21. 8 − 1
22. 6 − 5
23. 9 − 8
24. 2 − 0

25. 8 − 3
26. 7 − 2
27. 9 − 4
28. 6 − 5
29. 6 − 3
30. 9 − 1

31. 10 − 1
32. 5 − 0
33. 8 − 4
34. 9 − 7
35. 5 − 1
36. 5 − 3

37. 9 − 1
38. 8 − 3
39. 5 − 5
40. 7 − 3
41. 4 − 1
42. 5 − 4

43. 6 − 5
44. 8 − 7
45. 9 − 0
46. 10 − 7
47. 7 − 3
48. 8 − 6

Subtracting Digits 0-10 Score: __/48   Day 39

1. 1 - 0
2. 9 - 1
3. 6 - 5
4. 9 - 4
5. 4 - 4
6. 4 - 3

7. 6 - 5
8. 6 - 3
9. 9 - 8
10. 5 - 3
11. 10 - 3
12. 7 - 3

13. 7 - 0
14. 4 - 2
15. 10 - 0
16. 8 - 1
17. 5 - 1
18. 7 - 6

19. 8 - 2
20. 10 - 10
21. 9 - 0
22. 7 - 7
23. 8 - 6
24. 2 - 0

25. 2 - 1
26. 4 - 0
27. 9 - 5
28. 5 - 1
29. 10 - 2
30. 8 - 6

31. 10 - 3
32. 9 - 6
33. 0 - 0
34. 7 - 7
35. 7 - 6
36. 10 - 3

37. 0 - 0
38. 8 - 2
39. 9 - 0
40. 2 - 2
41. 6 - 1
42. 8 - 7

43. 10 - 1
44. 5 - 4
45. 10 - 9
46. 4 - 1
47. 9 - 6
48. 4 - 1

Day 40 Score: __/48 Subtracting Digits 0-10

1. 7 - 1
2. 7 - 5
3. 10 - 8
4. 9 - 2
5. 10 - 7
6. 10 - 1
7. 9 - 8
8. 10 - 7
9. 10 - 8
10. 4 - 0
11. 6 - 5
12. 3 - 2
13. 10 - 5
14. 4 - 1
15. 10 - 0
16. 4 - 1
17. 7 - 0
18. 9 - 5
19. 8 - 2
20. 6 - 0
21. 9 - 7
22. 5 - 3
23. 7 - 6
24. 8 - 5
25. 9 - 3
26. 3 - 2
27. 8 - 8
28. 8 - 4
29. 10 - 5
30. 9 - 9
31. 5 - 2
32. 5 - 4
33. 10 - 5
34. 9 - 4
35. 10 - 0
36. 9 - 7
37. 7 - 4
38. 10 - 3
39. 5 - 2
40. 10 - 4
41. 9 - 1
42. 10 - 9
43. 10 - 8
44. 8 - 5
45. 5 - 0
46. 8 - 8
47. 8 - 2
48. 9 - 7

Subtracting Digits 0-10	**Score: __/48**	**Day 41**

1. 6 − 3
2. 5 − 3
3. 5 − 4
4. 6 − 5
5. 6 − 3
6. 7 − 3
7. 6 − 1
8. 10 − 7
9. 3 − 2
10. 7 − 3
11. 9 − 1
12. 7 − 3
13. 7 − 2
14. 6 − 4
15. 10 − 10
16. 4 − 2
17. 9 − 8
18. 5 − 5
19. 9 − 4
20. 10 − 6
21. 7 − 2
22. 10 − 6
23. 9 − 2
24. 10 − 8
25. 6 − 4
26. 9 − 8
27. 5 − 4
28. 8 − 8
29. 8 − 2
30. 10 − 8
31. 5 − 3
32. 7 − 3
33. 6 − 4
34. 5 − 5
35. 10 − 4
36. 10 − 8
37. 9 − 0
38. 9 − 8
39. 5 − 1
40. 6 − 5
41. 10 − 0
42. 8 − 6
43. 6 − 4
44. 10 − 4
45. 8 − 4
46. 10 − 5
47. 7 − 3
48. 5 − 3

Day 42　　Score: __/48　　Subtracting Digits 0-10

1. 10 − 10
2. 6 − 5
3. 3 − 3
4. 7 − 3
5. 10 − 5
6. 1 − 1

7. 7 − 4
8. 9 − 4
9. 10 − 0
10. 7 − 1
11. 5 − 1
12. 3 − 2

13. 6 − 3
14. 10 − 10
15. 7 − 7
16. 9 − 3
17. 9 − 1
18. 3 − 2

19. 10 − 5
20. 9 − 5
21. 9 − 3
22. 8 − 1
23. 1 − 0
24. 7 − 6

25. 7 − 5
26. 1 − 0
27. 9 − 5
28. 9 − 5
29. 10 − 7
30. 9 − 8

31. 6 − 3
32. 5 − 1
33. 7 − 3
34. 5 − 3
35. 9 − 1
36. 3 − 1

37. 5 − 0
38. 9 − 6
39. 7 − 4
40. 5 − 1
41. 9 − 4
42. 8 − 3

43. 10 − 7
44. 9 − 8
45. 9 − 2
46. 10 − 9
47. 9 − 5
48. 3 − 0

| Subtracting Digits 0-10 | Score: __/48 | Day 43 |

1. 5 − 2
2. 10 − 1
3. 10 − 6
4. 3 − 0
5. 10 − 7
6. 7 − 1
7. 8 − 2
8. 9 − 4
9. 8 − 6
10. 7 − 3
11. 9 − 7
12. 8 − 7
13. 10 − 4
14. 4 − 2
15. 9 − 4
16. 9 − 2
17. 8 − 5
18. 6 − 1
19. 9 − 6
20. 9 − 6
21. 1 − 0
22. 5 − 2
23. 6 − 0
24. 7 − 3
25. 6 − 6
26. 7 − 4
27. 2 − 2
28. 8 − 3
29. 9 − 1
30. 8 − 2
31. 7 − 0
32. 9 − 0
33. 4 − 0
34. 8 − 6
35. 5 − 0
36. 7 − 4
37. 10 − 4
38. 9 − 0
39. 7 − 2
40. 9 − 8
41. 6 − 0
42. 4 − 4
43. 1 − 0
44. 9 − 4
45. 7 − 1
46. 6 − 5
47. 6 − 0
48. 8 − 8

Day 44 Score: __/48 Subtracting Digits 0-10

1. 8 − 3
2. 8 − 0
3. 10 − 6
4. 5 − 4
5. 9 − 3
6. 5 − 3

7. 9 − 7
8. 8 − 7
9. 4 − 2
10. 5 − 1
11. 6 − 2
12. 10 − 8

13. 6 − 1
14. 4 − 3
15. 8 − 5
16. 6 − 4
17. 2 − 1
18. 8 − 1

19. 10 − 5
20. 10 − 3
21. 10 − 1
22. 9 − 5
23. 5 − 0
24. 10 − 2

25. 6 − 2
26. 4 − 3
27. 10 − 1
28. 6 − 1
29. 10 − 4
30. 8 − 6

31. 5 − 1
32. 4 − 0
33. 10 − 7
34. 4 − 3
35. 7 − 1
36. 9 − 4

37. 9 − 4
38. 10 − 6
39. 9 − 4
40. 10 − 0
41. 2 − 1
42. 10 − 1

43. 8 − 5
44. 5 − 0
45. 1 − 1
46. 9 − 4
47. 5 − 4
48. 9 − 9

Subtracting Digits 10-20

Score: __/48 Day 45

1. 10 - 10
2. 19 - 12
3. 16 - 13
4. 12 - 10
5. 13 - 11
6. 18 - 14

7. 18 - 10
8. 19 - 17
9. 20 - 12
10. 17 - 13
11. 18 - 13
12. 15 - 11

13. 17 - 11
14. 19 - 17
15. 19 - 15
16. 14 - 14
17. 16 - 13
18. 15 - 12

19. 17 - 10
20. 16 - 15
21. 20 - 18
22. 11 - 10
23. 20 - 19
24. 20 - 15

25. 18 - 14
26. 16 - 14
27. 20 - 12
28. 18 - 12
29. 17 - 11
30. 15 - 14

31. 16 - 12
32. 18 - 10
33. 12 - 11
34. 18 - 17
35. 20 - 18
36. 17 - 14

37. 12 - 10
38. 18 - 11
39. 20 - 15
40. 20 - 11
41. 16 - 16
42. 14 - 14

43. 17 - 12
44. 19 - 10
45. 19 - 18
46. 18 - 15
47. 15 - 11
48. 16 - 13

Day 46   Score: __/48   Subtracting Digits 10-20

1. 14 − 10
2. 13 − 13
3. 17 − 14
4. 16 − 13
5. 19 − 12
6. 19 − 10

7. 17 − 11
8. 19 − 14
9. 17 − 15
10. 20 − 20
11. 20 − 13
12. 12 − 11

13. 17 − 15
14. 13 − 11
15. 18 − 15
16. 18 − 10
17. 17 − 14
18. 15 − 12

19. 19 − 10
20. 19 − 17
21. 20 − 14
22. 19 − 14
23. 18 − 15
24. 20 − 14

25. 19 − 16
26. 19 − 11
27. 17 − 16
28. 18 − 17
29. 14 − 13
30. 16 − 10

31. 20 − 10
32. 20 − 15
33. 12 − 10
34. 18 − 16
35. 19 − 16
36. 13 − 12

37. 16 − 10
38. 14 − 11
39. 17 − 11
40. 12 − 12
41. 20 − 20
42. 18 − 13

43. 19 − 13
44. 15 − 11
45. 14 − 13
46. 20 − 16
47. 17 − 14
48. 17 − 10

Subtracting Digits 10-20

Score: __/48

Day 47

1. 19 - 18
2. 19 - 15
3. 11 - 10
4. 17 - 14
5. 12 - 12
6. 20 - 17

7. 18 - 12
8. 18 - 12
9. 20 - 16
10. 18 - 13
11. 15 - 14
12. 19 - 10

13. 16 - 12
14. 17 - 10
15. 14 - 12
16. 11 - 10
17. 13 - 10
18. 20 - 13

19. 18 - 13
20. 15 - 11
21. 18 - 11
22. 20 - 15
23. 19 - 11
24. 19 - 14

25. 18 - 13
26. 17 - 16
27. 11 - 11
28. 17 - 13
29. 20 - 10
30. 20 - 15

31. 15 - 12
32. 12 - 11
33. 18 - 11
34. 14 - 13
35. 19 - 15
36. 18 - 13

37. 16 - 10
38. 14 - 10
39. 20 - 20
40. 17 - 14
41. 19 - 14
42. 16 - 12

43. 19 - 14
44. 14 - 12
45. 20 - 18
46. 19 - 16
47. 18 - 17
48. 19 - 17

Day 48 Score: __/48 Subtracting Digits 10-20

1. 11 − 10
2. 20 − 12
3. 19 − 18
4. 15 − 12
5. 17 − 11
6. 16 − 15

7. 19 − 14
8. 17 − 15
9. 20 − 13
10. 20 − 14
11. 18 − 10
12. 11 − 10

13. 12 − 11
14. 19 − 13
15. 15 − 10
16. 14 − 12
17. 15 − 12
18. 18 − 11

19. 14 − 10
20. 13 − 11
21. 17 − 12
22. 16 − 15
23. 17 − 10
24. 13 − 10

25. 20 − 15
26. 10 − 10
27. 15 − 13
28. 13 − 12
29. 16 − 14
30. 15 − 11

31. 14 − 12
32. 14 − 11
33. 13 − 12
34. 16 − 11
35. 13 − 11
36. 14 − 12

37. 16 − 14
38. 15 − 14
39. 15 − 13
40. 17 − 10
41. 16 − 14
42. 17 − 15

43. 16 − 15
44. 14 − 14
45. 16 − 16
46. 17 − 11
47. 13 − 12
48. 13 − 12

Subtracting Digits 10-20   Score: __/48   Day 49

1. 15 − 15
2. 16 − 12
3. 20 − 12
4. 18 − 17
5. 17 − 13
6. 13 − 12

7. 19 − 13
8. 19 − 12
9. 13 − 11
10. 14 − 13
11. 14 − 11
12. 15 − 10

13. 17 − 12
14. 14 − 10
15. 19 − 17
16. 18 − 12
17. 16 − 15
18. 18 − 16

19. 20 − 10
20. 15 − 10
21. 19 − 11
22. 19 − 18
23. 16 − 10
24. 14 − 10

25. 19 − 14
26. 17 − 15
27. 20 − 16
28. 17 − 11
29. 19 − 16
30. 17 − 10

31. 17 − 14
32. 12 − 11
33. 16 − 11
34. 19 − 11
35. 14 − 13
36. 19 − 16

37. 17 − 13
38. 13 − 13
39. 17 − 10
40. 16 − 15
41. 20 − 17
42. 11 − 11

43. 14 − 13
44. 11 − 10
45. 14 − 13
46. 18 − 14
47. 13 − 12
48. 19 − 10

Day 50 Score: __/48 Subtracting Digits 10-20

1. 12 − 10
2. 17 − 16
3. 19 − 14
4. 11 − 10
5. 19 − 16
6. 12 − 12

7. 19 − 18
8. 19 − 15
9. 17 − 13
10. 16 − 15
11. 17 − 10
12. 19 − 13

13. 20 − 19
14. 16 − 10
15. 16 − 16
16. 18 − 14
17. 14 − 11
18. 12 − 11

19. 14 − 14
20. 18 − 11
21. 13 − 11
22. 11 − 10
23. 19 − 13
24. 10 − 10

25. 19 − 17
26. 16 − 11
27. 17 − 13
28. 14 − 13
29. 20 − 13
30. 16 − 14

31. 19 − 13
32. 13 − 10
33. 19 − 16
34. 14 − 11
35. 15 − 14
36. 16 − 12

37. 18 − 10
38. 19 − 14
39. 13 − 10
40. 17 − 17
41. 16 − 10
42. 19 − 11

43. 10 − 10
44. 16 − 16
45. 20 − 14
46. 16 − 10
47. 18 − 17
48. 19 − 14

Subtracting Digits 10-20

Score: __/48

Day 51

1. 15 - 10
2. 15 - 13
3. 17 - 14
4. 13 - 11
5. 15 - 14
6. 16 - 14
7. 13 - 10
8. 15 - 13
9. 18 - 12
10. 15 - 13
11. 20 - 10
12. 14 - 11
13. 17 - 13
14. 20 - 11
15. 13 - 12
16. 15 - 10
17. 20 - 11
18. 16 - 11
19. 11 - 10
20. 15 - 12
21. 12 - 10
22. 19 - 11
23. 18 - 13
24. 16 - 14
25. 15 - 12
26. 19 - 10
27. 19 - 12
28. 18 - 14
29. 11 - 10
30. 14 - 12
31. 14 - 13
32. 12 - 10
33. 16 - 12
34. 15 - 12
35. 14 - 10
36. 20 - 15
37. 20 - 13
38. 13 - 12
39. 11 - 10
40. 18 - 12
41. 11 - 11
42. 12 - 10
43. 12 - 11
44. 20 - 10
45. 13 - 11
46. 17 - 15
47. 19 - 10
48. 18 - 14

Day 52 Score: __/48 Subtracting Digits 10-20

1. 15 − 10
2. 17 − 14
3. 17 − 11
4. 13 − 10
5. 17 − 12
6. 18 − 14

7. 19 − 18
8. 15 − 13
9. 20 − 15
10. 20 − 14
11. 18 − 15
12. 13 − 12

13. 14 − 11
14. 20 − 20
15. 17 − 13
16. 17 − 13
17. 18 − 15
18. 19 − 15

19. 17 − 15
20. 14 − 14
21. 16 − 14
22. 20 − 11
23. 20 − 16
24. 17 − 10

25. 18 − 12
26. 14 − 13
27. 19 − 18
28. 18 − 16
29. 13 − 13
30. 20 − 18

31. 14 − 11
32. 14 − 13
33. 17 − 15
34. 16 − 10
35. 19 − 12
36. 15 − 15

37. 15 − 14
38. 13 − 13
39. 17 − 14
40. 19 − 10
41. 11 − 11
42. 16 − 14

43. 15 − 10
44. 17 − 14
45. 17 − 11
46. 13 − 10
47. 17 − 12
48. 18 − 14

Subtracting Digits 10-20 Score: ___/48   **Day 53**

1. 10 - 10
2. 19 - 12
3. 16 - 13
4. 12 - 10
5. 13 - 11
6. 18 - 14

7. 18 - 10
8. 19 - 17
9. 20 - 12
10. 17 - 13
11. 18 - 13
12. 15 - 11

13. 17 - 11
14. 19 - 17
15. 19 - 15
16. 14 - 14
17. 16 - 13
18. 15 - 12

19. 17 - 10
20. 16 - 15
21. 20 - 18
22. 11 - 10
23. 20 - 19
24. 20 - 15

25. 18 - 14
26. 16 - 14
27. 20 - 12
28. 18 - 12
29. 17 - 11
30. 15 - 14

31. 16 - 12
32. 18 - 10
33. 12 - 11
34. 18 - 17
35. 20 - 18
36. 17 - 14

37. 12 - 10
38. 18 - 11
39. 20 - 15
40. 20 - 11
41. 16 - 16
42. 14 - 14

43. 17 - 12
44. 19 - 10
45. 19 - 18
46. 18 - 15
47. 15 - 11
48. 16 - 13

Day 54   Score: __/48   Subtracting Digits 10-20

1. 14 − 10
2. 13 − 13
3. 17 − 14
4. 16 − 13
5. 19 − 12
6. 19 − 10
7. 17 − 11
8. 19 − 14
9. 17 − 15
10. 20 − 20
11. 20 − 13
12. 12 − 11
13. 17 − 15
14. 13 − 11
15. 18 − 15
16. 18 − 10
17. 17 − 14
18. 15 − 12
19. 19 − 10
20. 19 − 17
21. 20 − 14
22. 19 − 14
23. 18 − 15
24. 20 − 14
25. 19 − 16
26. 19 − 11
27. 17 − 16
28. 18 − 17
29. 14 − 13
30. 16 − 10
31. 20 − 10
32. 20 − 15
33. 12 − 10
34. 18 − 16
35. 19 − 16
36. 13 − 12
37. 16 − 10
38. 14 − 11
39. 17 − 11
40. 12 − 12
41. 20 − 20
42. 18 − 13
43. 19 − 13
44. 15 − 11
45. 14 − 13
46. 20 − 16
47. 17 − 14
48. 17 − 10

Subtracting Digits 10-20 Score: __/48 **Day 55**

1. 19 − 18
2. 19 − 15
3. 11 − 10
4. 17 − 14
5. 12 − 12
6. 20 − 17

7. 18 − 12
8. 18 − 12
9. 20 − 16
10. 18 − 13
11. 15 − 14
12. 19 − 10

13. 16 − 12
14. 17 − 10
15. 14 − 12
16. 11 − 10
17. 13 − 10
18. 20 − 13

19. 18 − 13
20. 15 − 11
21. 18 − 11
22. 20 − 15
23. 19 − 11
24. 19 − 14

25. 18 − 13
26. 17 − 16
27. 11 − 11
28. 17 − 13
29. 20 − 10
30. 20 − 15

31. 15 − 12
32. 12 − 11
33. 18 − 11
34. 14 − 13
35. 19 − 15
36. 18 − 13

37. 16 − 10
38. 14 − 10
39. 20 − 20
40. 17 − 14
41. 19 − 14
42. 16 − 12

43. 19 − 14
44. 14 − 12
45. 20 − 18
46. 19 − 16
47. 18 − 17
48. 19 − 17

Day 56   Score: __/48   Subtracting Digits 10-20

1. 11 − 10
2. 20 − 12
3. 19 − 18
4. 15 − 12
5. 17 − 11
6. 16 − 15

7. 19 − 14
8. 17 − 15
9. 20 − 13
10. 20 − 14
11. 18 − 10
12. 11 − 10

13. 12 − 11
14. 19 − 13
15. 15 − 10
16. 14 − 12
17. 15 − 12
18. 18 − 11

19. 14 − 10
20. 13 − 11
21. 17 − 12
22. 16 − 15
23. 17 − 10
24. 13 − 10

25. 20 − 15
26. 10 − 10
27. 15 − 13
28. 13 − 12
29. 16 − 14
30. 15 − 11

31. 14 − 12
32. 14 − 11
33. 13 − 12
34. 16 − 11
35. 13 − 11
36. 14 − 12

37. 16 − 14
38. 15 − 14
39. 15 − 13
40. 17 − 10
41. 16 − 14
42. 17 − 15

43. 16 − 15
44. 14 − 14
45. 16 − 16
46. 17 − 11
47. 13 − 12
48. 13 − 12

Subtracting Digits 0-20 Score: __/48 Day 57

1. 17 - 6
2. 5 - 4
3. 16 - 3
4. 7 - 2
5. 9 - 0
6. 12 - 4

7. 20 - 2
8. 10 - 5
9. 10 - 9
10. 7 - 0
11. 13 - 6
12. 13 - 3

13. 15 - 0
14. 14 - 8
15. 18 - 7
16. 14 - 11
17. 10 - 3
18. 15 - 1

19. 12 - 11
20. 19 - 15
21. 10 - 1
22. 17 - 13
23. 9 - 0
24. 8 - 4

25. 19 - 5
26. 13 - 2
27. 15 - 8
28. 3 - 1
29. 12 - 1
30. 16 - 11

31. 10 - 1
32. 11 - 0
33. 9 - 4
34. 2 - 2
35. 19 - 9
36. 5 - 4

37. 8 - 8
38. 13 - 11
39. 3 - 2
40. 6 - 0
41. 20 - 14
42. 12 - 1

43. 9 - 3
44. 20 - 13
45. 17 - 12
46. 3 - 0
47. 10 - 0
48. 14 - 10

Day 58   Score: __/48   Subtracting Digits 0-20

1. 16 - 4
2. 14 - 5
3. 14 - 6
4. 17 - 6
5. 20 - 0
6. 8 - 8

7. 18 - 7
8. 12 - 11
9. 18 - 18
10. 10 - 4
11. 12 - 4
12. 9 - 2

13. 1 - 0
14. 4 - 2
15. 15 - 10
16. 9 - 8
17. 16 - 6
18. 4 - 0

19. 8 - 6
20. 2 - 0
21. 20 - 16
22. 14 - 12
23. 19 - 2
24. 15 - 12

25. 20 - 13
26. 16 - 7
27. 6 - 5
28. 10 - 8
29. 19 - 14
30. 16 - 2

31. 5 - 0
32. 15 - 3
33. 7 - 4
34. 19 - 15
35. 14 - 9
36. 10 - 7

37. 7 - 4
38. 11 - 2
39. 9 - 6
40. 17 - 13
41. 9 - 6
42. 19 - 12

43. 19 - 17
44. 19 - 17
45. 20 - 17
46. 13 - 8
47. 13 - 11
48. 16 - 3

Subtracting Digits 0-20

Score: __/48

Day 59

1. 13 − 3
2. 11 − 1
3. 15 − 3
4. 10 − 1
5. 16 − 5
6. 11 − 9
7. 19 − 11
8. 13 − 5
9. 1 − 0
10. 15 − 14
11. 15 − 9
12. 18 − 5
13. 3 − 0
14. 19 − 11
15. 5 − 4
16. 5 − 2
17. 14 − 7
18. 19 − 18
19. 17 − 15
20. 20 − 13
21. 10 − 1
22. 13 − 3
23. 16 − 9
24. 15 − 2
25. 14 − 1
26. 17 − 12
27. 17 − 9
28. 15 − 7
29. 17 − 11
30. 16 − 3
31. 6 − 5
32. 20 − 7
33. 17 − 9
34. 19 − 1
35. 7 − 5
36. 19 − 1
37. 11 − 8
38. 19 − 3
39. 9 − 9
40. 15 − 13
41. 11 − 10
42. 18 − 13
43. 5 − 5
44. 15 − 0
45. 15 − 13
46. 18 − 1
47. 16 − 11
48. 15 − 10

Day 60   Score: __/48   Subtracting Digits 0-20

1. 7 - 3
2. 7 - 0
3. 15 - 5
4. 3 - 1
5. 14 - 1
6. 7 - 6

7. 9 - 7
8. 17 - 12
9. 18 - 13
10. 19 - 8
11. 17 - 16
12. 3 - 3

13. 13 - 11
14. 19 - 19
15. 19 - 5
16. 15 - 8
17. 13 - 13
18. 11 - 9

19. 11 - 9
20. 19 - 6
21. 11 - 9
22. 10 - 1
23. 17 - 7
24. 9 - 3

25. 14 - 8
26. 17 - 6
27. 13 - 5
28. 18 - 16
29. 20 - 1
30. 17 - 14

31. 16 - 9
32. 18 - 15
33. 3 - 2
34. 17 - 9
35. 17 - 8
36. 13 - 2

37. 7 - 1
38. 18 - 10
39. 18 - 2
40. 20 - 6
41. 2 - 0
42. 5 - 1

43. 10 - 9
44. 19 - 6
45. 20 - 6
46. 11 - 1
47. 11 - 8
48. 15 - 0

Subtracting Digits 0-20 Score: __/48 **Day 61**

1. 7 − 1
2. 19 − 15
3. 10 − 10
4. 17 − 15
5. 8 − 5
6. 20 − 12

7. 8 − 6
8. 10 − 7
9. 15 − 12
10. 7 − 6
11. 14 − 9
12. 19 − 8

13. 9 − 5
14. 10 − 10
15. 20 − 8
16. 5 − 0
17. 20 − 18
18. 18 − 13

19. 11 − 2
20. 17 − 6
21. 9 − 2
22. 15 − 14
23. 15 − 8
24. 17 − 3

25. 6 − 1
26. 9 − 4
27. 9 − 3
28. 20 − 17
29. 20 − 6
30. 17 − 5

31. 18 − 11
32. 18 − 14
33. 14 − 12
34. 14 − 1
35. 17 − 1
36. 5 − 5

37. 10 − 2
38. 1 − 0
39. 18 − 13
40. 14 − 8
41. 18 − 15
42. 9 − 6

43. 6 − 3
44. 15 − 12
45. 16 − 1
46. 15 − 7
47. 7 − 1
48. 8 − 5

Day 62 Score: __/48 Subtracting Digits 0-20

1. 15 − 14
2. 19 − 1
3. 15 − 14
4. 17 − 10
5. 5 − 5
6. 8 − 4

7. 11 − 8
8. 18 − 15
9. 9 − 5
10. 12 − 7
11. 10 − 10
12. 14 − 14

13. 5 − 0
14. 6 − 2
15. 14 − 4
16. 12 − 8
17. 7 − 5
18. 15 − 3

19. 10 − 2
20. 19 − 1
21. 19 − 3
22. 13 − 10
23. 17 − 4
24. 17 − 9

25. 19 − 8
26. 8 − 7
27. 6 − 6
28. 15 − 6
29. 17 − 4
30. 7 − 1

31. 19 − 11
32. 15 − 8
33. 14 − 3
34. 17 − 14
35. 10 − 4
36. 9 − 5

37. 10 − 8
38. 17 − 12
39. 14 − 11
40. 19 − 17
41. 14 − 0
42. 15 − 8

43. 7 − 4
44. 6 − 3
45. 20 − 19
46. 16 − 6
47. 10 − 8
48. 20 − 5

Subtracting Digits 0-20   Score: __/48   Day 63

1. 19 - 11
2. 15 - 8
3. 14 - 3
4. 17 - 14
5. 10 - 4
6. 9 - 5

7. 10 - 8
8. 17 - 12
9. 14 - 11
10. 19 - 17
11. 14 - 0
12. 15 - 8

13. 7 - 4
14. 6 - 3
15. 20 - 19
16. 16 - 6
17. 10 - 8
18. 20 - 5

19. 18 - 5
20. 2 - 1
21. 1 - 1
22. 16 - 10
23. 15 - 8
24. 10 - 7

25. 15 - 1
26. 19 - 4
27. 6 - 6
28. 12 - 1
29. 7 - 5
30. 13 - 4

31. 1 - 1
32. 15 - 6
33. 17 - 11
34. 15 - 8
35. 7 - 5
36. 13 - 8

37. 15 - 5
38. 8 - 5
39. 18 - 15
40. 18 - 14
41. 19 - 6
42. 10 - 5

43. 19 - 2
44. 8 - 0
45. 13 - 7
46. 16 - 10
47. 12 - 4
48. 14 - 9

Day 64 Score: ___/48 Subtracting Digits 0-20

1. 20 − 7
2. 19 − 2
3. 14 − 4
4. 5 − 4
5. 15 − 9
6. 19 − 17

7. 14 − 10
8. 8 − 7
9. 17 − 4
10. 6 − 4
11. 20 − 19
12. 17 − 3

13. 19 − 11
14. 8 − 6
15. 8 − 4
16. 6 − 4
17. 19 − 6
18. 16 − 8

19. 14 − 6
20. 17 − 2
21. 14 − 2
22. 10 − 0
23. 10 − 4
24. 15 − 10

25. 5 − 5
26. 14 − 3
27. 9 − 5
28. 16 − 6
29. 17 − 15
30. 12 − 7

31. 18 − 17
32. 7 − 5
33. 17 − 1
34. 11 − 1
35. 12 − 7
36. 14 − 9

37. 18 − 15
38. 19 − 1
39. 7 − 0
40. 14 − 4
41. 8 − 8
42. 17 − 10

43. 3 − 1
44. 20 − 4
45. 2 − 1
46. 19 − 5
47. 15 − 9
48. 19 − 13

Subtracting Digits 0-20 Score: __/48 Day 65

1. 15 - 7
2. 5 - 4
3. 20 - 8
4. 9 - 5
5. 4 - 1
6. 15 - 1

7. 4 - 0
8. 19 - 18
9. 12 - 5
10. 19 - 6
11. 16 - 15
12. 18 - 10

13. 19 - 12
14. 13 - 6
15. 19 - 0
16. 17 - 2
17. 17 - 14
18. 20 - 15

19. 5 - 3
20. 14 - 9
21. 7 - 2
22. 10 - 10
23. 14 - 1
24. 14 - 7

25. 7 - 6
26. 6 - 6
27. 17 - 11
28. 15 - 14
29. 17 - 17
30. 13 - 8

31. 6 - 4
32. 9 - 6
33. 7 - 5
34. 18 - 10
35. 16 - 5
36. 13 - 6

37. 19 - 17
38. 17 - 5
39. 15 - 14
40. 18 - 8
41. 17 - 15
42. 15 - 6

43. 16 - 7
44. 14 - 0
45. 19 - 12
46. 10 - 8
47. 17 - 11
48. 14 - 12

Day 66   Score: __/48   Subtracting Digits 0-20

1. 17 − 5
2. 13 − 7
3. 7 − 0
4. 14 − 14
5. 14 − 5
6. 14 − 13

7. 15 − 4
8. 18 − 7
9. 9 − 1
10. 16 − 8
11. 10 − 7
12. 17 − 4

13. 17 − 10
14. 18 − 4
15. 15 − 8
16. 11 − 6
17. 8 − 1
18. 19 − 16

19. 15 − 6
20. 4 − 2
21. 10 − 1
22. 20 − 19
23. 20 − 10
24. 17 − 6

25. 3 − 1
26. 5 − 3
27. 4 − 0
28. 8 − 5
29. 19 − 12
30. 11 − 10

31. 14 − 5
32. 8 − 1
33. 11 − 4
34. 4 − 4
35. 20 − 19
36. 10 − 10

37. 15 − 5
38. 13 − 6
39. 20 − 8
40. 11 − 4
41. 7 − 0
42. 7 − 6

43. 15 − 15
44. 16 − 10
45. 17 − 6
46. 4 − 3
47. 19 − 11
48. 8 − 1

Subtracting Digits 0-20

Score: __/48

Day 67

1. 17 - 6
2. 5 - 4
3. 16 - 3
4. 7 - 2
5. 9 - 0
6. 12 - 4

7. 20 - 2
8. 10 - 5
9. 10 - 9
10. 7 - 0
11. 13 - 6
12. 13 - 3

13. 15 - 0
14. 14 - 8
15. 18 - 7
16. 14 - 11
17. 10 - 3
18. 15 - 1

19. 12 - 11
20. 19 - 15
21. 10 - 1
22. 17 - 13
23. 9 - 0
24. 8 - 4

25. 19 - 5
26. 13 - 2
27. 15 - 8
28. 3 - 1
29. 12 - 1
30. 16 - 11

31. 10 - 1
32. 11 - 0
33. 9 - 4
34. 2 - 2
35. 19 - 9
36. 5 - 4

37. 8 - 8
38. 13 - 11
39. 3 - 2
40. 6 - 0
41. 20 - 14
42. 12 - 1

43. 9 - 3
44. 20 - 13
45. 17 - 12
46. 3 - 0
47. 10 - 0
48. 14 - 10

Day 68   Score: __/48   Subtracting Digits 0-20

1. 16 - 4
2. 14 - 5
3. 14 - 6
4. 17 - 6
5. 20 - 0
6. 8 - 8

7. 18 - 7
8. 12 - 11
9. 18 - 18
10. 10 - 4
11. 12 - 4
12. 9 - 2

13. 1 - 0
14. 4 - 2
15. 15 - 10
16. 9 - 8
17. 16 - 6
18. 4 - 0

19. 8 - 6
20. 2 - 0
21. 20 - 16
22. 14 - 12
23. 19 - 2
24. 15 - 12

25. 20 - 13
26. 16 - 7
27. 6 - 5
28. 10 - 8
29. 19 - 14
30. 16 - 2

31. 5 - 0
32. 15 - 3
33. 7 - 4
34. 19 - 15
35. 14 - 9
36. 10 - 7

37. 7 - 4
38. 11 - 2
39. 9 - 6
40. 17 - 13
41. 9 - 6
42. 19 - 12

43. 19 - 17
44. 19 - 17
45. 20 - 17
46. 13 - 8
47. 13 - 11
48. 16 - 3

Subtracting Digits 0-20   Score: __/48   Day 69

1. 13 - 3
2. 11 - 1
3. 15 - 3
4. 10 - 1
5. 16 - 5
6. 11 - 9

7. 19 - 11
8. 13 - 5
9. 1 - 0
10. 15 - 14
11. 15 - 9
12. 18 - 5

13. 3 - 0
14. 19 - 11
15. 5 - 4
16. 5 - 2
17. 14 - 7
18. 19 - 18

19. 17 - 15
20. 20 - 13
21. 10 - 1
22. 13 - 3
23. 16 - 9
24. 15 - 2

25. 14 - 1
26. 17 - 12
27. 17 - 9
28. 15 - 7
29. 17 - 11
30. 16 - 3

31. 6 - 5
32. 20 - 7
33. 17 - 9
34. 19 - 1
35. 7 - 5
36. 19 - 1

37. 11 - 8
38. 19 - 3
39. 9 - 9
40. 15 - 13
41. 11 - 10
42. 18 - 13

43. 5 - 5
44. 15 - 0
45. 15 - 13
46. 18 - 1
47. 16 - 11
48. 15 - 10

Day 70   Score: __/48   Subtracting Digits 0-20

1. 7 − 3
2. 7 − 0
3. 15 − 5
4. 3 − 1
5. 14 − 1
6. 7 − 6

7. 9 − 7
8. 17 − 12
9. 18 − 13
10. 19 − 8
11. 17 − 16
12. 3 − 3

13. 13 − 11
14. 19 − 19
15. 19 − 5
16. 15 − 8
17. 13 − 13
18. 11 − 9

19. 11 − 9
20. 19 − 6
21. 11 − 9
22. 10 − 1
23. 17 − 7
24. 9 − 3

25. 14 − 8
26. 17 − 6
27. 13 − 5
28. 18 − 16
29. 20 − 1
30. 17 − 14

31. 16 − 9
32. 18 − 15
33. 3 − 2
34. 17 − 9
35. 17 − 8
36. 13 − 2

37. 7 − 1
38. 18 − 10
39. 18 − 2
40. 20 − 6
41. 2 − 0
42. 5 − 1

43. 10 − 9
44. 19 − 6
45. 20 − 6
46. 11 − 1
47. 11 − 8
48. 15 − 0

Adding / Subtracting Score: __/48 Day 71

1. 7 + 1
2. 7 − 4
3. 2 + 5
4. 3 − 2
5. 4 + 2
6. 5 − 0

7. 9 + 0
8. 4 − 4
9. 0 + 2
10. 5 + 2
11. 6 + 5
12. 4 − 3

13. 7 + 0
14. 5 − 5
15. 3 − 0
16. 7 − 3
17. 5 − 4
18. 0 + 1

19. 8 − 4
20. 6 + 2
21. 3 − 0
22. 1 + 4
23. 2 + 2
24. 6 − 2

25. 4 + 0
26. 6 − 4
27. 2 + 1
28. 6 − 1
29. 3 + 0
30. 7 − 1

31. 8 − 5
32. 7 + 0
33. 4 + 4
34. 3 + 2
35. 9 + 5
36. 7 + 2

37. 6 + 1
38. 8 − 1
39. 1 + 4
40. 8 + 0
41. 1 − 0
42. 6 − 1

43. 0 − 0
44. 6 + 2
45. 6 − 3
46. 6 + 3
47. 1 − 0
48. 4 + 0

Day 72 Score: __/48 Adding / Subtracting

1. 7 − 5
2. 0 + 8
3. 9 + 6
4. 9 + 6
5. 9 − 5
6. 9 − 7
7. 3 + 7
8. 5 + 6
9. 7 − 3
10. 6 + 9
11. 2 + 6
12. 0 − 0
13. 7 + 0
14. 7 − 4
15. 0 + 9
16. 8 + 9
17. 4 + 6
18. 6 + 4
19. 7 − 1
20. 0 + 4
21. 8 − 8
22. 5 − 4
23. 5 − 1
24. 9 − 8
25. 5 − 4
26. 2 − 0
27. 0 + 7
28. 9 + 6
29. 2 − 0
30. 9 − 5
31. 6 + 3
32. 6 − 3
33. 6 − 0
34. 2 + 5
35. 9 − 5
36. 4 − 0
37. 9 + 5
38. 4 − 1
39. 9 + 2
40. 5 − 5
41. 9 − 1
42. 2 − 1
43. 7 + 8
44. 1 + 4
45. 8 − 5
46. 5 + 7
47. 8 − 4
48. 1 + 6

Adding / Subtracting

Score: __/48 **Day 73**

1. 1 + 7	2. 5 + 2	3. 3 − 3	4. 4 − 3	5. 2 − 1	6. 5 + 4
7. 8 − 1	8. 4 + 6	9. 4 − 0	10. 5 − 0	11. 2 + 8	12. 5 + 2
13. 8 + 5	14. 0 + 1	15. 5 − 4	16. 6 + 5	17. 6 − 4	18. 2 + 7
19. 5 − 0	20. 8 − 2	21. 7 − 2	22. 5 + 5	23. 2 − 2	24. 9 + 0
25. 9 − 0	26. 6 − 4	27. 7 + 4	28. 4 − 1	29. 5 + 8	30. 6 + 7
31. 7 + 5	32. 7 − 3	33. 3 + 3	34. 6 − 0	35. 6 − 1	36. 7 − 2
37. 2 − 1	38. 3 + 9	39. 7 − 1	40. 3 + 2	41. 8 − 4	42. 3 − 3
43. 2 + 7	44. 7 + 9	45. 0 + 8	46. 8 + 0	47. 4 + 7	48. 9 − 8

Day 74   Score: __/48   Adding / Subtracting

1. 11 + 10
2. 20 − 12
3. 19 − 18
4. 15 + 12
5. 17 − 11
6. 16 + 15

7. 19 − 14
8. 17 + 15
9. 20 − 13
10. 20 − 14
11. 18 + 10
12. 11 − 10

13. 12 + 11
14. 19 − 13
15. 15 + 10
16. 14 − 12
17. 15 − 12
18. 18 + 11

19. 14 − 10
20. 13 + 11
21. 17 − 12
22. 16 + 15
23. 17 + 10
24. 13 − 10

25. 20 − 15
26. 10 + 10
27. 15 − 13
28. 13 + 12
29. 16 − 14
30. 15 + 11

31. 14 − 12
32. 14 + 11
33. 13 − 12
34. 16 − 11
35. 13 + 11
36. 14 + 12

37. 16 − 14
38. 15 + 14
39. 15 − 13
40. 17 + 10
41. 16 − 14
42. 17 + 15

43. 16 + 15
44. 14 − 14
45. 16 + 16
46. 17 − 11
47. 13 + 12
48. 13 − 12

Adding / Subtracting Score: __/48 **Day 75**

1. 12 − 10
2. 17 + 16
3. 19 − 14
4. 11 + 10
5. 19 + 16
6. 12 − 12

7. 19 + 18
8. 19 − 15
9. 17 + 13
10. 16 − 15
11. 17 + 10
12. 19 + 13

13. 20 − 19
14. 16 − 10
15. 16 + 16
16. 18 + 14
17. 14 − 11
18. 12 − 11

19. 14 − 14
20. 18 + 11
21. 13 + 11
22. 11 − 10
23. 19 + 13
24. 10 − 10

25. 19 − 17
26. 16 + 11
27. 17 + 13
28. 14 − 13
29. 20 + 13
30. 16 − 14

31. 19 − 13
32. 13 + 10
33. 19 − 16
34. 14 + 11
35. 15 − 14
36. 16 + 12

37. 18 − 10
38. 19 + 14
39. 13 + 10
40. 17 − 17
41. 16 + 10
42. 19 − 11

43. 10 − 10
44. 16 + 16
45. 20 − 14
46. 16 + 10
47. 18 − 17
48. 19 + 14

Day 76 Score: __/48 Adding / Subtracting

1. 15 + 10
2. 15 - 13
3. 17 + 14
4. 13 - 11
5. 15 + 14
6. 16 - 14

7. 13 + 10
8. 15 - 13
9. 18 + 12
10. 15 - 13
11. 20 + 10
12. 14 + 11

13. 17 - 13
14. 20 + 11
15. 13 - 12
16. 15 + 10
17. 20 - 11
18. 16 + 11

19. 11 - 10
20. 15 - 12
21. 12 - 10
22. 19 + 11
23. 18 + 13
24. 16 + 14

25. 15 + 12
26. 19 - 10
27. 19 + 12
28. 18 - 14
29. 11 + 10
30. 14 - 12

31. 14 - 13
32. 12 + 10
33. 16 - 12
34. 15 + 12
35. 14 - 10
36. 20 + 15

37. 20 - 13
38. 13 + 12
39. 11 - 10
40. 18 + 12
41. 11 - 11
42. 12 - 10

43. 12 + 11
44. 20 - 10
45. 13 + 11
46. 17 - 15
47. 19 + 10
48. 18 - 14

Adding / Subtracting Score: __/48 Day 77

1. 17 + 6
2. 5 − 4
3. 16 + 3
4. 7 − 2
5. 9 + 0
6. 12 − 4

7. 20 + 2
8. 10 − 5
9. 10 + 9
10. 7 − 0
11. 13 + 6
12. 13 − 3

13. 15 − 0
14. 14 + 8
15. 18 − 7
16. 14 + 11
17. 10 − 3
18. 15 + 1

19. 12 + 11
20. 19 + 15
21. 10 − 1
22. 17 + 13
23. 9 + 0
24. 8 − 4

25. 19 − 5
26. 13 + 2
27. 15 + 8
28. 3 − 1
29. 12 + 1
30. 16 − 11

31. 10 − 1
32. 11 + 0
33. 9 + 4
34. 2 − 2
35. 19 + 9
36. 5 − 4

37. 8 + 8
38. 13 − 11
39. 3 + 2
40. 6 − 0
41. 20 + 14
42. 12 − 1

43. 9 + 3
44. 20 − 13
45. 17 + 12
46. 3 − 0
47. 10 + 0
48. 14 − 10

Day 78   Score: __/48   Adding / Subtracting

1. 13 + 3
2. 11 - 1
3. 15 + 3
4. 10 - 1
5. 16 + 5
6. 11 - 9

7. 19 + 11
8. 13 - 5
9. 1 + 0
10. 15 - 14
11. 15 - 9
12. 18 + 5

13. 3 - 0
14. 19 + 11
15. 5 - 4
16. 5 + 2
17. 14 - 7
18. 19 + 18

19. 17 + 15
20. 20 - 13
21. 10 + 1
22. 13 - 3
23. 16 + 9
24. 15 - 2

25. 14 - 1
26. 17 - 12
27. 17 + 9
28. 15 - 7
29. 17 + 11
30. 16 - 3

31. 6 - 5
32. 20 + 7
33. 17 - 9
34. 19 + 1
35. 7 - 5
36. 19 + 1

37. 11 - 8
38. 19 + 3
39. 9 - 9
40. 15 + 13
41. 11 - 10
42. 18 + 13

43. 5 + 5
44. 15 - 0
45. 15 + 13
46. 18 - 1
47. 16 + 11
48. 15 - 10

www.ingramcontent.com/pod-product-compliance
Lightning Source LLC
Chambersburg PA
CBHW081313030225
21338CB00019B/317